AF370932

LETTRES

ADRESSÉES

A MESSIEURS LES PROPRIÉTAIRES RURAUX ET CULTIVATEURS

DU DÉPARTEMENT DE LA GIRONDE.

SEPTIÈME LETTRE (1852).

Travaux des terres.

(Ces Lettres ou Instructions, sur les principaux sujets de l'agriculture de la Gironde, sont rédigées et distribuées conformément aux intentions de l'Administration départementale et au moyen d'une subvention spéciale votée pour cet objet).

« Je te dis qu'il n'est nul art au monde, auquel soit requis
» une plus grande philosophie qu'à l'agriculture, et te dis que
» si l'agriculture est conduite sans philosophie, que c'est autant
» que journellement violer la terre, et les choses qu'elle pro-
» duit; et m'esmerveille, que la terre et natures produites en
» icelle, ne crient vengeance contre certains meurtrisseurs,
» ignorants et ingrats, qui journellement ne font que gaster
» et dissiper les arbres et plantes, sans aucune considération.

» Je t'ose aussi bien dire, que si la terre était cultivée à son
» devoir, qu'un journal produirait plus de fruit, que non pas
» deux, en la sorte qu'elle est cultivée journellement ».

(B.^d PALISSY : Recepte véritable par laquelle tous
les hommes de France pourront apprendre à
multiplier et augmenter leurs richesses. 1563.)

LETTRES

ADRESSÉES A MESSIEURS LES PROPRIÉTAIRES RURAUX ET CULTIVATEURS, PAR LE PROFESSEUR DU COURS D'AGRICULTURE, CHARGÉ DE L'INSPECTION AGRICOLE DU DÉPARTEMENT DE LA GIRONDE, ETC...

SEPTIÈME LETTRE (1).

But et conséquences des principaux travaux accordés à la terre : labourages, hersages, roulages, etc...

> « Creusez, fouillez, bêchez, ne laissez nulle place
> « où la main ne passe et repasse ? ».
> (LAFONTAINE : *Le laboureur à ses enfants*).

MESSIEURS,

L'année dernière, en vous parlant des engrais, nous disions que pour agir sur la terre, pour la faire produire, l'homme avait à sa disposition deux moyens également puissants : l'introduction, dans cette terre, des matières propres à nourrir les plantes : les travaux divers dont cette même terre devient l'objet de la part du cultivateur et auxquels mêmes, pour ajouter à leur action, augmenter leur énergie, il associe les animaux.

C'est ainsi, c'est par ce dernier moyen particulièrement, que s'accomplit sans cesse la sentence portée jadis

(1) Voici l'indication des sujets traités dans les précédentes lettres. 1847, Considérations générales sur l'agriculture de la Gironde, etc.. (l'*Agriculture*, p. 145-185); 1848, Culture du trèfle de Hollande (*idem* p. 137); 1849, égouttement des terres (*idem* p. 113); 1850, Prairies naturelles *idem* p. 120 1851, Engrais *idem* p. 130).

contre l'homme : Tu mangeras ton pain à la sueur de ton visage? C'est ainsi, c'est par ce dernier moyen que la terre reçoit l'excitation la plus directe à multiplier ses largesses ; qu'elle se voit arrosée des sueurs du laboureur. Enfin, c'est ainsi, c'est à cette occasion que naît pour elle l'obligation de répondre aux avances qui lui sont faites : obligation à laquelle elle manque rarement ; car, on l'a dit depuis longtemps :

La terre n'est pas ingrate!

Considéré de la sorte, on voit que ce sujet pourrait acquérir un très-grand développement et donner lieu à des détails qui dépasseraient de beaucoup les étroites limites de cette lettre ; mais notre intention n'est pas de le suivre en entier, nous voulons seulement, abstraction faite des moyens employés, des circonstances diverses de cet emploi, dire quel est le but des travaux principaux que nous accordons aux terres, dans l'intention de leur faire produire les récoltes annuelles et quelles sont les conséquences de ces travaux : selon qu'ils ont été accomplis avec plus ou moins de soins, plus ou moins de perfection.

Or, comme travaux principaux, se renouvelant chaque année, il en est trois surtout que nous devons distinguer et qui peuvent être rangés ainsi, selon l'ordre de leur importance.

1.º Labours.
2.º Hersages.
3.º Roulages.

Ces trois dénominations résument effectivement tout ce que la terre subit annuellement, non seulement pour le bien des plantes dont cette courte période mesure toute l'existence : céréales, fourrages divers, etc.; mais encore pour le bien de celles dont la durée est beaucoup plus longue et particulièrement pour la vigne. Elles le résument surtout, alors qu'on leur restitue comme nous le faisons ci-après, le sens général qu'elles doivent avoir, la première particulièrement; alors qu'on les considère encore une fois, abstraction faite des modes divers et particuliers d'accomplissement qu'elles peuvent comporter.

I.

LABOURS.

« La réunion des divers genres d'action des labours est
« tellement importante, que dès longtemps, on a pris
« l'habitude de confondre presque dans la pratique le
« terme de *laboureur* avec celui de *cultivateur* ».

(De Candolle : *Physiologie végétale*).

On donne le nom de labour à toute opération ayant pour but direct d'ameublir la terre, de rendre à celle-ci la division et les autres propriétés analogues qu'elle avait perdues, soit en donnant un produit quelconque, soit même en restant inactive.

Ainsi le premier, le plus ancien, le plus connu et, disons-le, aussi, le plus parfait des labours, c'est celui qu'on fait à la main, en se servant pour cela soit d'une bêche, soit d'une pioche, soit d'une houe.

Après ce genre de labour, qui ne peut malheureusement être appliqué qu'aux jardins, ou aux terres que l'on cultive sur une très petite échelle, ou enfin à celles qu'un produit particulier met en position de payer de telles façons, comme la vigne, la garance, etc.. vient le labour au moyen d'instruments aratoires comportant la force des animaux, et principalement au moyen de la charrue.

Encore une fois, notre intention n'étant pas en ce moment de nous occuper des labours par rapport aux outils ou aux instruments qu'ils réclament (1) ; mais seulement

____

(1) Dans le langage ordinaire, on confond assez volontiers le sens

de rechercher et de signaler le but de leur accomplissement, les circonstances qui l'accompagnent, les conséquences qui peuvent en résulter ; nous allons, avec le plus de méthode et de précision possibles , examiner tout ces points, réduisant ainsi les labours à ce qu'ils sont en principe : le détachement de la portion de terre travaillée, son soulèvement , son renversement.

1. — *Les labours ameublissent la terre.* Pour produire, la terre ne doit pas être trop pressée, trop compacte ; s'il en était ainsi, les racines des plantes, l'eau, les gaz qui doivent la pénétrer, ne pourraient le faire facilement.

Or, sans parler des terres qui n'ont jamais été cultivées, celles qui ont déjà produit des récoltes ont perdu , par cela même, cette qualité d'être meubles.

Les racines des plantes ont agi sur elles comme autant de coins qui ont resserré leur tissu. Le poids de la terre elle-même les a affaissées. La pluie a agi de la même manière : d'abord en divisant leurs molécules, puis en les tassant, en les agglutinant, pour peu que la terre contienne d'argile.

D'où suit la nécessité de les travailler de nouveau, de les pénétrer, de les diviser, en un mot de les ameublir.

Le labourage procure cet ameublissement, non-seulement d'une manière directe et par son effet immédiat ;

---

particulier de chacun des mots outils, instruments aratoires et machines rurales. *L'outil* est en quelque sorte l'armure dont se revêt la main de l'homme, pour attaquer directement la terre : ainsi la pioche, la bêche, le rateau, etc... *L'instrument* est l'appareil plus ou moins compliqué, au moyen duquel il joint pour cette attaque , à son intelligence et à sa force, la force des animaux : ainsi la charrue, la herse, le rouleau, etc.. Enfin la *machine* est l'appareil plus compliqué encore et qui permet à la force inintelligente des animaux ou autres de faire un travail, mais déterminé, mais toujours le même : ainsi la machine à battre le blé, celle à égrainer le trèfle, etc.

mais aussi en exposant les mottes de terre à l'action des météores et, particulièrement lorsqu'il s'agit de labours d'hiver, en les exposant à l'action de la gelée.

Quelle que soit la sécheresse apparente de la terre, elle est toujours pénétrée d'une certaine quantité d'humidité, d'une certaine quantité d'eau. Or, cette eau, passant à l'état de glace augmente de volume (1), fait effort sur la molécule terreuse, tend à la disjoindre, à la diviser. Le phénomène qui se produit alors, est le même que celui auquel on doit attribuer la rupture, pendant les nuits d'hiver, des cruches que l'on a laissées pleines d'eau, cette eau s'étant glacée.

Au reste, plus une terre est meuble, plus elle convient à un grand nombre de cultures et réciproquement.

2. — *Les labours facilitent aux plantes la pénétration de la terre.* Il faut que la résistance qu'offre la terre à la plante qui se développe, qui est la conséquence de la graine qu'on lui a confiée, soit telle que cette plante puisse la vaincre facilement, pour prendre en longueur et en grosseur les dimensions qu'elle doit avoir. Cette nécessité devient plus impérieuse encore, lorsqu'il s'agit des plantes telles que la rave, la betterave, la carotte, etc...

En considérant cette dernière plante particulièrement, on peut se faire également l'idée de la nécessité dans laquelle est la culture d'ameublir la terre, bien plus que ne le fait la nature pour des productions analogues. Ainsi, dans nos terres incultes, dans nos prés, la carotte est commune ; mais là, sa racine a à peine quelques millimètres de diamètre, tandis que lorsque nous la cultivons

---

(1) **D'environ** $^1/_9^e$ Des expériences très-curieuses ont été faites sur ce sujet. Ainsi à Saint-Pétersbourg, la glace a fait éclater des canons du plus fort calibre, que l'on avait remplis d'eau, bien bouchés et exposés au froid.

nous exigeons qu'elle prenne un développement infiniment plus considérable.

D'un autre côté, si l'on considère que les racines des plantes en général, ne puisent dans la terre la nourriture que celle-ci peut leur fournir, que par l'extrémité la plus déliée de leur chevelu et que cette extrémité, aussi bien pour se maintenir toujours active, toujours irritable, que pour atteindre, avec l'instinct merveilleux qui lui est propre, de nouvelle nourriture au delà de celle qu'elle a déjà perçue, doit croître et s'allonger sans cesse, on comprendra encore tout ce qu'a d'important, d'absolument indispensable l'ameublissement de la terre.

C'est de cette considération et des phénomènes que nous venons d'exposer que découlent, pour notre agriculture, quelques faits d'une très-haute importance et que nous devons signaler ici.

Trop souvent nos blés semés à l'automne, après avoir fait concevoir les plus belles espérances, durant l'hiver et durant le printemps, chancellent tout-à-coup, dès que les chaleurs de l'été les atteignent, et finissent par ne donner que de médiocres résultats.

L'explication de ce grave inconvénient doit être cherchée principalement dans un vice du labour; dans son défaut de profondeur : circonstances qui ne permettent pas aux racines de s'établir convenablement dans le sol, d'y descendre à un degré de profondeur capable de leur assurer, particulièrement aux jours des plus grandes chaleurs, l'humidité dont elles ont besoin; l'humidité dont elles ne peuvent se passer, sans exposer à de vives souffrances l'individu dont elles font partie. Or, cette humidité leur manque d'autant plus vite, que la couche de terre dans laquelle on les a forcées à végéter était elle-même plus mince.

Quelquefois aussi, il arrive que des blés d'abord d'une

beauté remarquable, fléchissent sur eux-mêmes, se couchent et ne donnent pas de grains.

Ici encore, il faut voir l'influence désavantageuse d'un labour imparfait, d'un labour qui manque de profondeur.

La plante, d'abord favorisée par des travaux qui ont suffi aux premières périodes de son développement; trop excitée même par l'engrais mêlé à une faible couche de terre, s'emporte, surtout quand la température est humide et douce, en tiges et en feuilles. Mais quand vient le moment où le grain subit ses dernières élaborations, acquiert le poids que lui donne le dernier temps de la maturation, alors la paille manque de force pour le soutenir et le blé verse.

On comprend qu'il n'en serait pas ainsi, au moins en l'absence d'accidents qu'il n'est pas toujours possible de prévenir, comme de longues pluies, de grands vents, etc... Si le labour avait été plus profond, si l'engrais avait été mêlé à une plus grande masse de terre. De la sorte, les premiers temps de la plante auraient pu être moins remarquables, moins brillants; mais son développement total aurait été régulier, soutenu; la paille se serait trouvée en rapport au grain et réciproquement, et le tout aurait atteint sans difficultés le dernier terme de la maturation, le moment de la récolte.

Le cultivateur qui s'expose à de tels accidents est comme l'architecte qui élève une construction sur un fonds qu'il n'a pas suffisamment creusé : l'un et l'autre peuvent être séduits par les premiers résultats de leurs travaux, mais bientôt ils s'aperçoivent qu'ils ont édifié sur des bases qui n'étaient pas suffisamment préparées et que ce qu'ils ont fait ne présente aucune solidité.

3. — *Les labours facilitent aux terres la perception de l'eau des pluies et des rosées.* L'eau que le ciel départit

à la terre et sans laquelle il n'y aurait pas de culture possible, lui est accordée sous deux formes principales : sous forme de pluie, sous forme de rosée.

Or, sous cette première forme, il est facile de comprendre que cette eau ne peut pénétrer dans la terre, humecter ses couches inférieures, parvenir aux racines des plantes, que tout autant que la surface de la terre lui présente des issues, que les couches qui viennent immédiatement après sont dans la même disposition ; enfin que tout autant que cette terre est suffisamment meuble, que la croûte qu'avaient formée à sa surface la pluie et le soleil a été déchirée, détruite par de convenables travaux de labourage.

Sous la seconde forme, sous la forme de rosée et sans vouloir entrer ici dans les curieux détails auxquels pourrait donner lieu ce météore, on comprend encore que les dispositions de la terre, pour en profiter, doivent être les mêmes ; car autrement, sa surface aurait beau s'humecter par ce moyen, aucune parcelle du liquide ne pourrait la traverser, ne pourrait avoir accès dans son intérieur (1).

4. — *Les labours favorisent l'action capillaire des terres.* Quand les pluies manquent, quand les rosées font défaut, il est encore pour les terres un moyen de s'im-

---

(1) La rosée est un des moyens dont se sert la nature, pour suppléer aux pluies dans les climats et dans les saisons où celles-ci sont rares. Plus il fait chaud, plus il y a d'humidité répandue dans l'air. Or, s'il arrive alors que la température baisse tout-à-coup, comme cela se voit l'été à la suite des orages, cette humidité se condense, se précipite et l'on a ces pluies d'orages qui trop souvent inondent et ravinent nos champs. Si ce refroidissement n'a lieu que la nuit et par suite de l'absence momentanée du soleil, alors cette même humidité se repose sur la terre qu'elle rafraîchit, sur les plantes aux feuilles desquelles elle se suspend comme des perles.

biber de l'humidité réclamée par la végétation : ce moyen, c'est la capillarité qui le leur assure.

On nomme capillarité, en physique, une force qui fait monter l'eau dans des tubes extrêmement déliés, dans le pain de sucre qui ne touche cette eau que par sa base, dans les carreaux des rez-de-chaussée des maisons au-dessous desquelles il n'y a pas de caves, peut-être aussi dans le tronc des arbres, etc...

Arrivée à une certaine profondeur qui varie selon le mode de formation et la nature particulière des terres et que mesure ordinairement la profondeur qu'il faut donner aux puits, l'eau qui a pénétré la terre, s'arrête et se maintient (1). De là, s'il arrive que la partie supérieure de la terre soit sèche et aride, cette eau remonte de proche en proche et arrive non-seulement aux racines des plantes, mais se dégage même sous forme de vapeur, enveloppant ainsi la partie extérieure de ces mêmes plantes et les rafraichissant.

Ce phénomène curieux a une démonstration bien vulgaire et que tout le monde peut avoir remarquée. Dans l'été, si l'on oublie d'arroser un pot de fleurs, on voit la plante qu'il renferme se flétrir, se dessécher ; tandis que celles qui sont à côté, en pleine terre, se soutiennent et végètent encore. Pour ces dernières, la capillarité est un secours qui maintient leur existence; tandis que pour l'autre, cette action ne peut s'exercer, à cause du fond du pot qui interdit à la terre qu'il contient toute relation avec la terre du jardin.

5.— *Les labours facilitent aux terres la perception de*

---

(1) Nous nous rappelons avoir remarqué, il y a quelques années, au mois de Septembre, après une sécheresse prolongée, que la terre, au fond des carrières d'argile qui environnent Créon, laissait dégoutter de l'eau en abondance.

l'air, des gaz, etc... L'air et les autres gaz qu'il renferme doivent pénétrer dans la terre, afin de favoriser le curieux phénomène de la germination des graines ; celui de la décomposition des engrais et de leur conversion en principes divers dont se nourrissent les plantes.

Sans cette pénétration, les graines ne germeraient pas, comme cela se voit dans les terres trop compactes ou trop tassées ; les engrais ne se décomposeraient pas, comme cela a lieu pour les préparations alimentaires que l'on renferme dans des boites de ferblanc bien soudées, afin de les conserver pour les voyages de long cours.

6. — *Les labours détruisent les mauvaises herbes.* Ils détruisent aussi les œufs de certains insectes, leurs larves et bien souvent ces insectes eux-mêmes à l'état parfait. Déchirées, déplacées, ramenées à la surface de la terre par les labours, les mauvaises herbes finissent par périr, pour aussi vivaces qu'elles soient : desséchées par le grand air, le vent et le soleil.

Troublés dans le repos et l'obscurité qu'ils affectionnent et que réclament la multiplication et l'existence de la plupart d'entreux, les insectes périssent également. Sans compter que ce dérangement les expose à des ennemis qui leur font souvent une cruelle guerre.

Qui n'a vu effectivement ces gracieux oiseaux que l'on nomme bergeronnettes, suivre le bouvier qui soulève la glèbe et saisir, jusque sous les pas des bœufs, les insectes que renfermait la terre ?

7. — *Les labours ramènent à la surface la terre de dessous et réciproquement.* L'action atmosphérique, l'influence directe de l'air sur la terre est une des conditions essentielle de sa fécondité. Rozier attachait tant d'importance à cette action, qu'il la rangeait parmi les moyens de culture, sous le nom *d'engrais météoriques.*

On comprendra du reste très-bien ce phénomène, en

songeant à ce qui se passe sur les portions d'un champ d'où on a enlevé de la terre, soit pour rectifier son nivellement, soit pour tout autre motif. Longtemps ces portions se montrent infertiles et cette infertilité ne cesse que lorsque la terre a perdu sa crudité, que lorsqu'elle a été mûrie par le contact de l'air, de la pluie, des rayons solaires, etc...

Dans certains cas, cette action de changer l'état relatif de la terre arable, peut avoir d'autres conséquences encore. Elle peut, si la terre a du fonds, ajouter à sa force productive, en ramenant à sa surface, en rendant active, plus ou moins de la terre de son sous-sol, plus ou moins de la couche sur laquelle elle repose immédiatement et jusque-là restée passive. Elle peut, si son sous-sol est susceptible de l'amender, opérer cet amendement, par le mélange : par exemple, de l'argile qui servirait de sous-sol à du sable, ou du sable qui servirait de sous-sol à de l'argile.

8. — *Les labours enfouissent et mêlent à la terre les engrais.* Ces résultats sont dus à l'avantage qu'ont les labours bien faits, de soulever la terre, de mettre dessus celle qui était dessous et réciproquement ; de la fouiller à une profondeur convenable. Ainsi, l'engrais que l'on avait répandu à la surface du sol, se trouve divisé et complètement mêlé avec lui.

De la sorte, chaque molécule terreuse peut être en contact avec une portion d'engrais, absorber les substances liquides ou gazeuses qui résultent de sa décomposition, prévenir la perte de ces substances en les conservant pour les livrer plus tard aux racines des plantes qui doivent s'en nourrir.

Sans nul doute aussi, cette division et ce mélange de l'engrais, assurent dans le sein de la terre, des réactions chimiques qu'il serait difficile de préciser, mais qui paraissent tourner au profit des plantes cultivées.

9. — *Les labours peuvent faciliter l'égouttement des terres.* Il n'est pas douteux qu'une terre bien labourée et à laquelle les labours ont donné les reliefs, les pentes, les dépressions que comporte sa situation et qu'assurent, parmi nous, le billonnage, ou la disposition en planches, est beaucoup mieux qu'une autre en mesure de se débarrasser de l'excès d'eau qui pourrait lui nuire, qui pourrait perdre ses récoltes (1).

II.

HERSAGES.

> » Les herses sont encore nécessaires aux
> » laboureurs ; car, comme dit le proverbe ·
> » *Il ne faut pas moins herser la terre mal*
> » *labourée, que labourer celle qui est mal*
> » *hersée !* »
>
> (Liébeau : *Le nouveau théâtre d'agriculture*).

Quand la terre a été labourée, aussi bien à la main qu'à la charrue et dans la petite culture comme dans la grande, il est une opération qu'elle réclame impérieusement, pour peu qu'elle soit argileuse et forte : c'est

---

(1) Bien que nous n'ayons pu entrer dans aucun détail au sujet des charrues de leurs formes, de leurs propriétés, etc....., nous croyons devoir néanmoins recommander ici à l'attention et à la confiance de MM. les cultivateurs, les instruments de ce genre sortant de la fabrique de M. Hallié, de Bordeaux.

Nulle part ils ne trouveront plus de solidité jointe à plus de perfection ; depuis les charrues du plus fort échantillon, jusqu'à celles qui ont été modifiées au point de pouvoir se prêter à toutes les exigences de notre culture locale. (Voir notamment la description d'une de ces dernières charrues dans l'*Agriculture,* année 1846, p. 124).

On a introduit aussi dans le département et déjà en très-grand nombre, des charrues construites, soit dans le Lot-et-Garonne, soit dans le Gers, qui ne sont que la reproduction en fer, de notre araire locale et qui ont rendu des services réels.

l'écrasement et la division des mottes qu'elle peut encore
former : c'est la façon que lui donnent, le jardinier, au
moyen du rateau et le laboureur, au moyen de la herse.

La herse que nous ne décrivons pas plus que la charrue et qui sera d'autant meilleure que son travail se rap-
prochera davantage de celui du rateau, est également
très-ancienne, Job en parle en ces termes : « Lierez-
» vous le rhinocéros aux traits de votre charrue, et rom-
» pra-t-il après vous, avec la herse, les mottes des
» vallons? »

Et, cependant, combien sont nombreuses, dans la
Gironde, les exploitations qui n'ont pas de herse, qui ne
peuvent assurer à la terre le bénéfice de ce précieux instrument. Nous avouerons que, parmi toutes les circonstances désavantageuses que nous avons eu à signaler
dans nos campagnes, l'absence de la herse, l'ignorance de
la herse, est celle qui nous a le plus frappé et que nous
avons eu le plus de peine à comprendre ; alors surtout
que nous la constatons aux portes de Bordeaux, sur les
points les plus rapprochés de ce grand centre de population et de progrès.

Au moyen de la herse, on donne donc à la terre une
façon qui peut aller quelquefois jusqu'à égaler celle de
la charrue et qui, dans tous les cas, complète le travail
de cette dernière : en écrasant, en divisant la terre restée
dure et compacte, en la répandant uniformément sur la
surface du champ.

Lorsque le sol s'est endurci, après l'action des pluies
et celle du soleil, la herse peut briser la croûte super-
ficielle qui s'y est formée, rétablir les relations qui doivent exister entre l'atmosphère et l'intérieur de la terre,
disposer cette dernière à s'approprier l'humidité dont elle
a besoin, l'air et les différents gaz qu'elle réclame.

C'est surtout à l'égard de nos terres argilo-sablon-

neuses, si communes dans la Gironde et les autres départements du bassin de la Garonne, où elles sont désignées sous les noms de *boulbènes*, de *bouvées*, etc...,
que l'opération de la herse peut être avantageuse; pour
combattre la tendance qu'ont ces terres de se resserrer,
de se durcir à leur surface, en un mot de se *taper*,
comme l'on dit dans la pratique.

Combien serait précieux un coup de herse, même fort
et énergique, donné à ces terres, au printemps; alors
que les blés dont elles sont couvertes et qu'il ne faut pas
craindre d'offenser par ce moyen, semblent être empâtés dans du ciment et ne pouvoir plus, ni taller à l'intérieur, ni croître et s'élever à l'extérieur?

Les herbes que la charrue a simplement déracinées,
sont ramassées et définitivement extirpées par la herse.

Le champ qui va être semé, prend sous l'action de
cet instrument une uniformité qui permet au grain de
blé qu'y jette une main exercée, de bien s'y reposer et
d'en occuper toute la surface.

Enfin, il est possible de recouvrir ce blé au moyen de
la herse, si l'on ne craint pas, en le traitant de la sorte,
de trop l'exposer aux chances de nos hivers, aux brusques alternatives de gel et de dégel qu'ils amènent, et que
l'absence de la neige rend souvent fort dangereuses (1).

---

(1) Il est certain, comme le faisait remarquer naguère un de nos
plus habiles et plus consciencieux observateurs, M. Jules Rieffeld,
directeur de l'Institut régional de Grand-Jouan (Loire-Inférieure);
il est certain que l'usage établi dans tout le Sud-Ouest de la France,
de billonner la terre et de semer *sous raie*, c'est-à-dire de recouvrir
le blé avec la charrue, a son motif essentiel dans le besoin d'égoutter
immédiatement des terres généralement argileuses, que le gel et le
dégel menacent sans cesse en hiver et qui n'ont pas, pour se garantir
de ces changements subits, si funestes aux jeunes plantes, le bénéfice de la neige.

Une terre, disposée en billons étroits et élevés, a bientôt perdu

Est-il nécessaire de répéter avec Thaër, qu'il est pour le hersage, comme pour tous les autres travaux de la culture au reste, des conditions de temps qu'il ne faut pas négliger. « Si la terre est trop humide, le hersage peut souvent faire plus de mal que de bien, et au lieu de diviser le sol, au contraire le durcir et l'agglomérer. Il faut également se garder de laisser trop dessécher et durcir une terre forte avant de la herser, parce qu'alors on ne parvient plus à la dompter (1).

III.

ROULAGES.

> « Le rouleau est également un des instruments
> » les plus utiles ; on ne saurait s'en passer dans
> » une culture perfectionnée ».
>
> (Thaër , T. III, § 714).

Le roulage, exécuté avec un instrument, un rouleau, soit en fer, soit en pierre, soit en bois, mais suffisamment lourd pour produire l'effet que l'on veut atteindre par cette application, peut devenir, dans bien des cas, le complément indispensable du hersage.

---

l'excès d'eau qu'avait pu lui donner une pluie longue et abondante ; et du blé, recouvert par la couche de terre que soulève la charrue, est également mieux défendu contre l'atteinte des météores, qui pourraient contrarier l'hiver sa germination, l'établissement de ses racines.

On comprend donc que le billonnage dut être général, lorsqu'on n'avait presque uniquement en vue que les récoltes d'hiver, que le blé. Aujourd'hui que nos terres doivent aussi recevoir des récoltes d'été et principalement des fourrages, ce mode de procéder doit être modifié et les billons larges ou planches, peuvent être substitués aux billons étroits ; mais avec cette précaution cependant, de n'y soumettre les terres qu'après les avoir bien nivelées, bien disposées pour s'égoutter.

Les planches ont en outre le grand avantage de favoriser l'action des instruments tels que la herse, le rouleau, etc...

(1) *Principes raisonnés d'agriculture*, T. III, § 713.

A l'égard des herses, nous répéterons ici ce que nous avons déjà dit

En fixant dans le sol les grosses mottes qu'il ne peut écraser, le rouleau les dispose d'autant mieux pour l'action de la herse, à laquelle dès-lors elles ne sauraient échapper. En passant sur une terre qui a déjà été traitée par la herse, le rouleau achève l'œuvre de cette dernière, écrase tous les fragments qu'elle n'avait pu atteindre.

Telles sont, pour les terres renfermant plus ou moins d'argile, de qualité plus ou moins fortes, et elles sont nombreuses dans le département de la Gironde, les premières et heureuses conséquences de l'application d'un instrument aussi simple dans sa construction que facile à conduire.

Mais il est aussi dans ce département et en très-grande abondance, des terres essentiellement sablonneuses, essentiellement légères. Sur ces terres, le rouleau n'écrase plus, sans doute, les mottes qu'elles ne forment pas; mais il resserre leurs molécules, trop disposées à se diviser, à s'éloigner, au grand détriment de ces mêmes terres qui demeurent alors sans consistance, disposées à céder au vent comme les dunes, à laisser sans défense les racines des plantes qu'elles abritaient.

Il fait, et cette considération est capitale, qu'elles se dessaisissent moins facilement, sous l'action de l'air et des rayons solaires, de l'humidité qu'elles contenaient et qu'ainsi la végétation y est plus favorisée, dans le temps où les pluies peuvent fournir cette humidité et beaucoup plus prolongée, dans celui où il ne pleut pas.

Appliqué aux terres légères, après les semailles, le

---

en parlant des charrues. Nous recommanderons la fabrique de M. Hallié, comme livrant à l'agriculture les herses à dents de fer les plus solides, les plus énergiques, les plus capables de fonctionner dans nos terres rebelles; de leur assurer des façons qu'elles ne reçoivent trop souvent que d'une manière tout-à-fait incomplète.

rouleau a également l'avantage, en leur donnant la solidité qui leur manque, de détruire tous leurs vides intérieurs, d'assurer à la graine des conditions qui font qu'elle germe plus sûrement et plus promptement.

Enfin, il est bien des terres, celles surtout qui sont calcaires ou riches en humus, en terreau, qui se gonflent et se soulèvent sous la double action des pluies et des gelées de l'hiver. Dans ces terres, les blés courent le risque de n'avoir pas au printemps leurs racines suffisamment chaussées, suffisamment défendues : appliqué à ces terres et dans ces circonstances, le rouleau peut combattre ces tendances dangereuses et produire un excellent effet.

Ces derniers faits peuvent aussi se produire à la suite de fumures en vert, aujourd'hui si communes et si avantageuses dans les plaines de la Dordogne, du Drot, etc..; à la suite de l'enfouissement du trèfle et par rapport aux blés qui suivent ces deux manières d'opérer. Si l'hiver n'est pas assez pluvieux pour favoriser la décomposition de ces débris végétaux (1), la terre reste soulevée, poreuse, disposée à s'échauffer outre mesure et le blé peut manquer.

On connaît l'effet du rouleau sur les prairies naturelles; en nivellant leur surface, en faisant disparaître les inégalités qu'a pu y produire principalement le piétinage des animaux en temps humide, on dispose la faux à couper l'herbe plus ras. Or, on a constaté que la partie inférieure de l'herbe est la plus nourrissante et que chaque centimètre que l'on perd de cette partie, représente environ un trentième de la valeur totale du reste.

---

(1) Nous ne serions pas étonné de voir ces conséquences désavantageuses se produire cette année ; car nous avons eu un hiver très-sec. Ainsi, il tombe dans la Gironde, année moyenne 184 millim. d'eau. En 1851, il en est tombé 168; en 1852, 106, seulement.

Nous n'avons pas besoin d'ajouter qu'il est pour le rouleau, aussi bien que pour tous les autres instruments, des conditions de temps qui doivent régler son application. Si la terre est trop sèche, il ne peut agir convenablement ; si elle est trop humide, il s'empâte, fonctionne difficilement et fait un mauvais travail.

Mais une observation qu'il convient de faire ici, c'est que pour le rouleau, plus encore que pour la herse, la disposition de nos terres en billons étroits et élevés, est un obstacle presque exclusif à son application.

Il serait difficile, en effet, de disposer le rouleau de manière à pouvoir vaincre cet obstacle et notre agriculture, aussi bien sous ce rapport que sous plusieurs autres non moins importants, n'aurait qu'à gagner à modifier cet état de choses, en tenant compte, toutefois, des observations exposées dans la note 1, de la page 16 ci-dessus (1).

Tels sont, considérés dans leur ensemble et abstraction faite encore une fois de leur mode d'accomplissement, des outils et instruments employés, etc...., les principaux travaux mécaniques, ou façons dont nos terres sont l'objet et qui constituent, avec les engrais, les deux grands moyens de mise en production de ces terres.

---

(1) Des rouleaux de tous modèles et de tous échantillons se trouvent chez M. Hallié, à Bordeaux. Ces instruments ont été très-perfectionnés dans ces derniers temps ; car il en est qui sont susceptibles de faire le travail, tout à la fois, de la herse et du rouleau. Nous recommandons surtout à MM. les cultivateurs l'examen du *Rouleau brise-mottes de Crosskill*, instrument dont l'énergie est extrême et l'une des plus belles pièces de la remarquable collection de **M. Hallié** (voir l'*Agriculture*, 1848, p. 361).

En rappelant encore cette circonstance que les mots *labour labourage*, pris dans leur acception générale, résument à eux seuls tous ces travaux, toutes ces façons, nous ferons observer que les anciens, cultivateurs habiles, observateurs profonds, avaient dès-longtemps reconnu la puissance et des labours et des engrais.

Quel est, disait Caton, le premier principe de la bonne culture? C'est de bien labourer. Quel est le second? C'est de labourer encore. Quel est le troisième? C'est de fumer (1)!

Une dernière considération, bien digne d'être signalée, c'est que les travaux qu'exige la terre, tant pour la labourer que pour la fumer, en un mot, pour la mettre et pour la maintenir en état de culture, sont les plus nombreux, les plus sûrs et les plus moraux.

Les plus nombreux : ils sont de tous les lieux, de toutes les années, de toutes les saisons, de tous les jours; il y en a pour tous les sexes, pour tous les âges, pour toutes les intelligences, pour toutes les forces.

Les plus sûrs : la mécanique peut bien les simplifier, les rendre plus faciles, plus efficaces, moins pénibles, et elle le doit dans l'intérêt de l'humanité; mais livrer leur accomplissement à ces moteurs puissants qui ont, dans l'industrie, remplacé tant de bras, c'est ce qu'elle ne saurait faire, c'est ce qu'elle ne fera jamais. Jamais la population laborieuse des champs n'aura à redouter la concurrence de la vapeur ou autres inventions analogues. La terre tiendra toujours à être excitée par la main même de l'homme; toujours son empressement à produire, sa gratitude, seront en raison directe des soins que lui prodiguera cette main, des sueurs, des sollicitudes qui les accompagneront.

---

(1) L'Économie rurale (*de re rustica*), chap. I XI.

Les plus moraux : Qui donc oserait mettre en parallèle, sous ce rapport, les travaux des champs et les travaux des villes ; qui donc oserait nier qu'à toutes les époques de nos discordes civiles, les idées, les projets, les tentatives qui ont effrayé la société ont eu pour premiers foyers les grands ateliers industriels ? Et, si quelquefois, la population des champs s'est associée à de telles manifestations, cela a été parce que d'abord et momentanément, on avait perverti sa raison, égaré son bon sens, réveillé et excité en elle des passions dont bien souvent elle n'aurait pas soupçonné l'existence.

Aux champs, la nature se révèle toute entière, avec ses magnificences et ses largesses, avec ses motifs sans nombre d'admiration et de profonde reconnaissance, pour celui qui est obligé de l'observer, de la seconder, d'être en quelque sorte son intermédiaire entr'elle et le reste des hommes. Aussi, les théories, les systèmes qui veulent destituer Dieu de son pouvoir et affranchir l'homme de toute obligation envers lui ; qui veulent donner à la société des bases de convention, à la morale des principes d'égoïsme, ne sauraient s'y maintenir.

Heureux correctif donné à l'esprit qui, dans certaines conditions, dans certains milieux, sous l'influence de certaines circonstances, s'estime outre mesure, s'enfle, s'égare et arrive enfin au point de soulever ces formidables tempêtes qui menacent l'édifice social, essaient de le renverser et d'en disperser au loin les débris !

1.er Mai 1852.

AVIS.

MM. les Propriétaires qui voudraient faire étudier leurs domaines sous les rapports de la constitution géologique, de la nature particulière des sols et sous-sols, des possibilités qu'il y aurait à améliorer les uns et les autres par des amendements, et des ressources qu'ils pourraient offrir à cet égard, en marnes et autres produits analogues, pourraient s'adresser au Professeur d'agriculture.

Ils trouveraient des modèles de ces genres d'études, avec descriptions, coupes, analyses, etc,., notamment dans l'*Agriculture*, année 1850 ; année 1851, p. 41, etc...

Le Professeur d'Agriculture recommande à l'attention de **MM.** les propriétaires ruraux, le recueil mensuel qu'il publie depuis treize ans, sous le titre *L'AGRICULTURE.*

Il est d'autant plus libre, dans cette recommandation, que l'œuvre dont il s'agit ne constitue et ne saurait en aucun cas, constituer une spéculation. Travailler au progrès de l'agriculture, à la propagation des idées d'ordre et de modération qu'inspire cette noble occupation, c'est faire une œuvre utile sans doute, méritoire peut-être ; mais lucrative.... qui oserait le penser ?

Les abonnements à *L'Agriculture*, sont reçus à Bordeaux aux Librairies Th. Lafargue, Lawale et Chaumas. On peut aussi écrire au Directeur, rue Henry IV, n.° 12.— 12 fr. par an.

Bordeaux. — IMPRIMERIE DE TH. LAFARGUE, LIBRAIRE.
Rue Puits de Bagne-Cap, 8.